DIE BOEING STARLINER-MISSION ERKLÄRT

Erleben Sie die erste bemannte Boeing-Mission der NASA und was Sie darüber wissen müssen

Charles D. Battle

Intentionally left blank

Die Boeing Starliner-Mission erklärt

Erleben Sie die erste bemannte Boeing-Mission der NASA und was Sie darüber wissen müssen.

Von

Charles D. Battle

Copyright © 2024 by Charles D. Battle

Alle Rechte vorbehalten. Kein Teil dieser Veröffentlichung darf ohne vorherige schriftliche Genehmigung des Herausgebers in irgendeiner Form oder mit irgendwelchen Mitteln, einschließlich Fotokopieren, Aufzeichnen oder anderen elektronischen oder mechanischen Methoden, reproduziert, verbreitet oder übertragen werden, außer im Falle kurzer Zitate in kritischen Rezensionen und bestimmter anderer nichtkommerzieller Verwendungen, die durch das Urheberrecht gestattet sind.

Dieses Buch ist ein Sachbuch. Die in diesem Buch geäußerten Informationen und Meinungen sind ausschließlich die des Autors und stellen nicht unbedingt die Ansichten oder Meinungen der darin erwähnten Personen oder Organisationen dar.

Dankbarkeit

Ich bin allen zutiefst dankbar, die dieses Buch möglich gemacht haben.
Zunächst möchte ich der NASA und Boeing für ihre Pionierarbeit in der Weltraumforschung meinen aufrichtigen Dank aussprechen. Ihr Einsatz und ihre Hingabe waren eine Inspirationsquelle für dieses Buch.
An alle Astronauten, die ihr Leben für die Weiterentwicklung der Weltraumforschung riskiert haben: Ihr Mut und Ihre Entschlossenheit sind unbeschreiblich. Ihre Geschichten waren das Rückgrat dieses Buches.

Und schließlich danke ich Ihnen, lieber Leser, für Ihr Interesse an der Weltraumforschung und dafür, dass Sie sich entschieden haben, dieses Buch neben anderen Büchern zu lesen. Wir haben uns so viel Mühe gegeben, damit dieses Buch Ihr Interesse an der Erprobung der Besatzung des Boeing Starliner-Fluges der NASA befriedigt. Ich hoffe, es vermittelt Ihnen ein tieferes Verständnis der Boeing Starliner-Mission und weckt ein Gefühl des Staunens über unser Universum.

Intentionally left blank

Table Of Contents

Einleitung.. 8

Kapitel 1: Boeing im Rennen um die kommerzielle Besatzung..14

    Boeings Geschichte in der Weltraumforschung......14

    Das Raumschiff Starliner: Design und Fähigkeiten 16

    Die Herausforderungen der Starliner-Entwicklung (mit Erwähnung von OFT-1 und OFT-2)............... 18

Kapitel 2: Die Crew... 24

    Profile der Astronauten Barry „Butch" Wilmore und Suni Williams... 24

    Die Bedeutung von Crewauswahl und Erfahrung: Das richtige Personal für die Raumfahrt................ 28

Kapitel 3: Der Missionsablauf: Start, Andocken und Rückkehr.. 32

    Eine schrittweise Aufschlüsselung des Starliner Crew Flight Tests...32

    Die Rolle der Atlas-V-Rakete der United Launch Alliance... 35

    Andock Verfahren an die Internationale Raumstation (ISS)...37

Kapitel 4: Technologie und Innovation: Was den Starliner einzigartig macht...38

    Starliners fortschrittliche Systeme: Antrieb, Kommunikation, Lebenserhaltung.......................... 38

    Starliner vs. Crew Dragon: Ein umfassender Vergleich.. 43

Kapitel 5: Über den Testflug hinaus: Zertifizierung und reguläre Missionen... 46

    Die Bedeutung eines erfolgreichen CFT für Boeing

und die NASA.. 46
Der Weg zur Starliner-Zertifizierung und zu
operativen Flügen.. 50
Die potenziellen Auswirkungen auf die Weltraum
Wirtschaft.. 54
**Kapitel 6: Zusammenarbeit und internationale
Weltraumforschung..58**
Die Rolle internationaler Partnerschaften im
ISS-Programm... 58
Starliners Potenzial für zukünftige internationale
Missionen... 61
Die Zukunft öffentlich-privater Partnerschaften in der
Weltraumforschung.. 63
**Kapitel 7: Fazit: Eine neue Ära für den
Astronautentransport..68**
Zusammenfassung der Bedeutung des
Starliner-Crew-Flugtests... 68
Die Aufregung und das Versprechen einer neuen
Ära in der Raumfahrt.. 70
Ein Blick auf zukünftige Missionen und
Entdeckungen.. 73
Bonusabschnitt...76
Herausforderungen und Risiken der Raumfahrt..... 76

Einleitung

Der Aufstieg kommerzieller Crew-Programme
In der Menschheitsgeschichte haben nur wenige Bemühungen einzelner die kollektive Vorstellungskraft so sehr beflügelt wie die Erforschung des Weltraums. Von den Mythen um Ikarus, der sich danach sehnte, die Sonne zu berühren, bis hin zu den ehrfurcht gebietenden Bildern entfernter Galaxien, die von modernen Teleskopen zurückgestrahlt werden, ist unsere Faszination für den Kosmos ein ständiger Begleiter. Diese Sehnsucht, das Universum und unseren Platz darin zu verstehen, hat seit Jahrhunderten Innovation und wissenschaftliche Entdeckungen vorangetrieben.

Die ersten zaghaften Schritte in Richtung Raumfahrt begannen mit den Träumern und Visionären der Science-Fiction. Jules Vernes „Von der Erde zum Mond" und H.G. Wells' „Der Krieg der Welten" beflügelten die Fantasie und weckten die wissenschaftliche Neugier. Im frühen 20. Jahrhundert legten Pioniere wie Robert Goddard und Konstantin Ziolkowski die theoretischen Grundlagen für Raketenantriebe und ebneten damit den Weg für die praktischen Errungenschaften der Zukunft.

Der Beginn des Weltraumzeitalters erfolgte 1957 mit einem dramatischen Knall. Der Start von Sputnik 1, dem ersten künstlichen Satelliten, durch die Sowjetunion läutete eine neue Ära der Weltraumforschung ein. Die Vereinigten Staaten reagierten 1958 mit der Gründung der NASA, was den Beginn eines erbitterten Wettbewerbs um die Vorherrschaft im Weltraum markierte.

Die folgenden Jahrzehnte waren Zeuge einer Reihe unglaublicher Leistungen. Der erste Mensch im Weltraum, Juri Gagarin, umkreiste 1961 die Erde, ein Moment, der die Welt in seinen Bann zog. Die Vereinigten Staaten reagierten mit Alan Shepards suborbitalem Flug 1961 und John Glenns historischer erster amerikanischer Orbital Mission 1962. Diese frühen Missionen erweiterten die Grenzen menschlicher Ausdauer und technologischer Möglichkeiten.

Die Krönung dieser Ära war jedoch zweifellos das Apollo-Programm. Dieses ehrgeizige Unterfangen zielte darauf ab, Menschen auf dem Mond landen zu lassen, ein scheinbar unmöglicher Traum, der am 20. Juli 1969 mit Neil Armstrong Wirklichkeit wurde.

Die Apollo-Missionen erregten die Aufmerksamkeit der Welt und inspirierten Generationen dazu, Karrieren in den MINT-Fächern (Mathematik, Informatik, Naturwissenschaft und Technik) anzustreben.

Nach dem Apollo-Programm verlagerte sich der Fokus der NASA auf wiederverwendbare Raumfahrzeuge. Das 1981 gestartete Space-Shuttle-Programm markierte eine neue Ära der bemannten Raumfahrt. Das Space Shuttle konnte eine größere Besatzung und Nutzlast in die Umlaufbahn befördern, was es zu einem wertvollen Werkzeug für die wissenschaftliche Forschung und den Bau von Raumstationen machte.

In dieser Zeit kam es auch zu einem Anstieg der internationalen Zusammenarbeit bei der Weltraumforschung. Der Bau der Internationalen Raumstation (ISS) begann 1998, ein Beweis für den gemeinsamen Ehrgeiz mehrerer Weltraumagenturen, darunter NASA, Roscosmos (Russland), JAXA (Japan), ESA (Europa) und CSA (Kanada). Die ISS diente als wichtige Plattform für wissenschaftliche Forschung und als Symbol der internationalen Zusammenarbeit für eine friedliche Weltraumforschung.

Die Notwendigkeit öffentlich-privater Partnerschaften.
Das Space-Shuttle-Programm endete 2011 mit dem Verlust der Space Shuttles Columbia und Challenger auf tragische Weise. Diese Unfälle, gepaart mit den hohen Betriebskosten des Programms und den Einschränkungen bei der Wiederverwendbarkeit zwangen die NASA, ihren Ansatz zur bemannten Raumfahrt zu überdenken.

Nach der Außerdienststellung des Space Shuttles hatten die Vereinigten Staaten keine unabhängige Möglichkeit mehr, Astronauten in den Weltraum zu schicken. Die NASA verließ sich für den Transport der Besatzung zur ISS auf das russische Raumschiff Sojus, eine Situation, die die Flexibilität der Mission einschränkte und eine Abhängigkeit von einem anderen Land schuf.

Die Notwendigkeit, einen kostengünstigeren und nachhaltigeren Ansatz für die bemannte Raumfahrt zu entwickeln, veranlasste die NASA, neue Wege zu erkunden. In Anerkennung der wachsenden Fähigkeiten und des Innovations Geistes des privaten Sektors startete die NASA 2010 das Commercial Crew Program.

Einführung des Commercial Crew Program und seiner Ziele
Das Commercial Crew Program (CCP) stellt eine revolutionäre Wende in der Herangehensweise der NASA an die bemannte Raumfahrt dar. Es fördert öffentlich-private Partnerschaften und nutzt das Fachwissen und die Ressourcen von Regierung und Industrie. Dieses Programm zielt darauf ab, Innovation und Entwicklung im privaten Sektor anzuregen und gleichzeitig die Sicherheit und Zuverlässigkeit der bemannten Raumfahrt zu gewährleisten.

Mehrere führende Luft- und Raumfahrtunternehmen, darunter Boeing und SpaceX, konkurrieren um CCP-Aufträge zur Entwicklung sicherer und zuverlässiger Besatzung Transportsysteme zur ISS. Dieser Wettbewerb hat einen Geist der Innovation und der schnellen Entwicklung innerhalb des privaten Raumfahrt Sektors gefördert. Der Erfolg des CCP könnte den Weg für eine Zukunft ebnen, in der private Unternehmen eine wichtigere Rolle bei der Weltraumforschung spielen, während sich die

NASA auf ihre Kern Mission der wissenschaftlichen Entdeckung und Erforschung konzentriert.

Der bevorstehende Start des Boeing Starliner Crew Flight Test (CFT) markiert einen bedeutenden Meilenstein im CCP. Diese Mission wird nicht nur ein Beweis für die Fähigkeiten des Starliner-Raumfahrzeugs von Boeing sein, sondern auch ein Symbol für eine neue Ära der bemannten Raumfahrt, die von Zusammenarbeit, Innovation und einer gemeinsamen Vision getragen wird, die Grenzen der menschlichen Erforschung zu erweitern.

Kapitel 1: Boeing im Rennen um die kommerzielle Besatzung

Boeings Geschichte in der Weltraumforschung

Boeings Engagement in der Weltraumforschung reicht bis in die Anfänge des Weltraumzeitalters zurück und ist damit ein Eckpfeiler der amerikanischen Errungenschaften jenseits der Erdatmosphäre. In den 1960er Jahren fand das historische Apollo-Programm statt, ein monumentales Unterfangen mit dem Ziel, Menschen auf dem Mond landen zu lassen. Boeing spielte neben Branchenriesen wie McDonnell Douglas und North American Aviation eine entscheidende Rolle bei diesem Unterfangen. Ihr bedeutendster Beitrag kam in Form der mächtigen Saturn-V-Rakete, der kolossalen Trägerrakete, die Astronauten in die Mondumlaufbahn beförderte.

Die Saturn V war ein Wunderwerk der Technik und verfügte über fünf leistungsstarke Stufen, von denen jede darauf ausgelegt war, Gewicht zu sparen und das Raumschiff weiter in den Weltraum zu befördern. Boeing konzentrierte sich insbesondere auf die erste Stufe, treffend S-IC genannt, die die Hauptlast des anfänglichen Startschuss trug. Diese kolossale Bühne mit einer Höhe von 28 Metern und einem Durchmesser von 10 Metern beherbergte fünf F-1-Triebwerke – die stärksten Raketentriebwerke, die zu dieser Zeit je entwickelt wurden. Ihr gemeinsamer Schub von 34,7 Millionen Newton (7,7 Millionen Pfund-Kraft) war der Schlüssel, um die Schwerkraft der Erde zu überwinden und das Raumschiff in Richtung Mond zu treiben.

Über die Saturn V hinaus leistete Boeing auch Beiträge zur Monderkundung im Apollo-Programm. Boeing war für die Entwicklung des Lunar Roving Vehicle (LRV) verantwortlich, eines leichten elektrisch betriebenen Buggys, mit dem Astronauten die Mondoberfläche leichter durchqueren konnten. Das LRV, das bei den Missionen Apollo 15, 16 und 17 eingesetzt wurde, erwies sich als von unschätzbarem Wert, um den Erkennungsbereich der Astronauten zu erweitern und wichtige Mondproben zu sammeln.

Der Erfolg des Apollo-Programms ebnete den Weg für die Entwicklung des Space Shuttle, eines wiederverwendbaren Raumfahrzeugs, das Astronauten und Fracht in eine niedrige Erdumlaufbahn befördern sollte. Boeing spielte erneut eine entscheidende Rolle und arbeitete mit Rockwell International beim Bau und Betrieb dieses bahnbrechenden Fahrzeugs zusammen.

Das Raumschiff Starliner: Design und Fähigkeiten

Das Space Shuttle-Programm revolutionierte die Weltraumforschung durch die Einführung der Wiederverwendbarkeit. Im Gegensatz zu Einweg Raketen konnte das Space Shuttle zur Erde zurückkehren, überholt werden und erneut fliegen. Boeing war für das Design und die Konstruktion des hinteren Rumpfs und des Seitenleitwerks des Orbiters verantwortlich, entscheidende Komponenten für die Flugsteuerung und den Wiedereintritt in die Atmosphäre. Darüber hinaus lieferte das Unternehmen das Shuttle Carrier Aircraft (SCA), eine speziell modifizierte Boeing

747, die den Orbiter nach den Missionen zu den Startplätzen zurückbrachte.

Die Raumfahrtindustrie entwickelte sich im 21. Jahrhundert weiter, wobei der Schwerpunkt zunehmend auf öffentlich-privaten Partnerschaften lag. Im Jahr 2006 schloss sich Boeing und Lockheed Martin zusammen, um die United Launch Alliance (ULA) zu gründen. Diese strategische Partnerschaft kombinierte Boeings Fachwissen im Bereich Antriebssysteme mit Lockheed Martins Erfahrung im Bereich Trägerraketen. ULA hat sich zu einem führenden Anbieter von Start Diensten für die NASA und das US-Verteidigungsministerium entwickelt. Ihre Arbeit Raketen Atlas V und Delta IV haben erfolgreich eine Vielzahl von Nutzlasten gestartet, darunter Satelliten, Sonden und Missionen zur Versorgung der Internationalen Raumstation (ISS).

Boeings Engagement für die Weltraumforschung geht über Trägerraketen hinaus. Das Unternehmen entwickelt weiterhin innovative Raumfahrzeuge und Technologien, wobei das CST-100 Starliner-Programm ein Paradebeispiel ist. Diese Mannschaft Kapsel der nächsten Generation ist ein

Zeichen dafür, dass Boeing weiterhin die Grenzen der bemannten Raumfahrt erweitert.

Die Herausforderungen der Starliner-Entwicklung (mit Erwähnung von OFT-1 und OFT-2)

Der Weg des Starliner-Raumschiffs von Boeing vom Konzept bis zur betriebsbereiten Mannschafts Kapsel war voller technischer Hürden und Rückschläge. Dieser Abschnitt befasst sich eingehender mit den Herausforderungen, die während der Entwicklung des Starliners aufgetreten sind, und konzentriert sich insbesondere auf die Probleme, die die Orbital Flight Test-Mission (OFT-1) plagten, und die gewonnenen Erkenntnisse, die zu einem (weitgehend) erfolgreichen OFT-2 führten.

OFT-1
Der erste Orbital Flight Test (OFT-1) im Dezember 2019 sollte eine entscheidende Demonstration Mission sein, die den Weg für bemannte

Starliner-Flüge ebnet. Die Mission wurde jedoch durch eine Reihe von Softwarefehlern getrübt, die das Raumschiff daran hinderten, wie geplant an der Internationalen Raumstation (ISS) andocken. Das Verständnis dieser Fehler und der anschließenden Korrekturmaßnahmen ist entscheidend, um die Komplexität der Starliner-Entwicklung zu verstehen.
1. Navigationsfehler: Eines der größten Probleme während OFT-1 war eine Fehlfunktion des Mission Elapsed Timer (MET) des Raumfahrzeugs. Dieser Timer spielt eine wichtige Rolle bei der Koordinierung verschiedener kritischer Manöver während des Flugs. Ein Software-Codierungsfehler führte dazu, dass der MET vom geplanten Zeitplan abwich und den gesamten Flugablauf durcheinander brachte. Diese Abweichung beeinträchtigte die Fähigkeit des Raumfahrzeugs, wichtige Manöver wie den Eintritt in die Umlaufbahn und das Rendezvous mit der ISS durchzuführen.
2. Probleme mit der Lageregelung: Zu den Navigationsproblemen kamen Probleme mit dem Lager Regelungssystem des Starliners hinzu. Die Software, die für die Aufrechterhaltung der Ausrichtung des Raumfahrzeugs verantwortlich war, funktionierte nicht richtig, was zu unerwarteten Triebwerk Zündungen führte. Dieses

unberechenbare Verhalten hätte die Stabilität des Raumfahrzeugs gefährden und ein potenzielles Sicherheitsrisiko für zukünftige bemannte Missionen darstellen können.

3. Probleme mit der Datenübertragung: Die Kommunikation zwischen dem Starliner und der Bodenkontrolle war ebenfalls aufgrund von Softwareproblemen gestört. Kritische Telemetriedaten, die für die Überwachung des Zustands und der Leistung des Raumfahrzeugs unerlässlich sind, waren entweder unvollständig oder verspätet. Dieser Mangel an Echtzeitinformationen behinderte die Fähigkeit der Mission Kontrolleure erheblich, die Situation effektiv einzuschätzen und Korrekturmaßnahmen zu ergreifen.

Der Weg zu OFT-2

Die während der OFT-1 aufgetretenen Fehler zwangen Boeing und NASA, einen erheblichen Schritt zurückzutreten und die Grundursachen der Softwarefehler gründlich zu analysieren. Es wurde ein engagiertes Untersuchungsteam gebildet, das Codezeilen durchkämmte und jeden Aspekt der Softwarearchitektur des Raumfahrzeugs untersuchte.

Diese intensive Anstrengung führte zu einer Reihe von Korrekturmaßnahmen:

1. Software Überholung: Ein erheblicher Teil der Flugsoftware des Starliners wurde einem sorgfältigen Überprüfungs- und Neu Schreibprozess unterzogen. Die Ingenieure konzentrierten sich darauf, die spezifischen Fehler zu identifizieren und zu beheben, die die Fehlfunktionen während OFT-1 verursachten. Darüber hinaus wurde die Softwarearchitektur neu bewertet, um die Redundanz zu verbessern und ein robusteres System sicherzustellen, das potenzielle Anomalien bewältigen kann.

2. Verbesserte Tests: Boeing erkannte die Einschränkungen bodengestützter Simulationen und führte ein strengeres Flug Testprogramm ein. Dabei wurde die Software in Hardware-in-the-Loop-Simulationen getestet, wobei reale Flugbedingungen mit echter Flughardware nachgestellt wurden, um mögliche Software-Hardware-Kompatibilitätsprobleme aufzudecken.

3. Überarbeitung der Kommunikation: Die Kommunikationsprotokolle zwischen dem Starliner und der Bodenkontrolle wurden ebenfalls überarbeitet. Es wurden redundante

Kommunikationskanäle eingerichtet, um einen stetigen Fluss kritischer Telemetriedaten zu gewährleisten, selbst wenn ein Kanal ausfällt.

Diese Korrekturmaßnahmen gipfelten im Start von Orbital Flight Test 2 (OFT-2) im Mai 2022. OFT-2 war zwar nicht ganz ohne Probleme, stellte aber einen bedeutenden Fortschritt für das Starliner-Programm dar. Das Raumschiff dockte erfolgreich an der ISS an und demonstrierte seine Andock Fähigkeiten und Lebenserhaltungssysteme.

Intentionally left blank

Kapitel 2: Die Crew

Profile der Astronauten Barry „Butch" Wilmore und Suni Williams

Der bevorstehende Starliner Crew Flight Test markiert einen bedeutenden Meilenstein in der bemannten Raumfahrt, nicht nur, weil Boeings Starliner-Raumschiff hier zu sehen ist, sondern auch wegen der erfahrenen Astronauten, die mit der Steuerung dieser historischen Mission betraut sind.

Barry „Butch" Wilmore:
Ein erfahrener Pilot mit einer Leidenschaft für die Erforschung
Barry Eugene Wilmore, besser bekannt unter seinem Rufzeichen „Butch", wurde 1962 in Murfreesboro, Tennessee, geboren und verkörpert den Entdeckergeist und die Hingabe, die das Astronautenkorps der NASA auszeichnen. Seine Reise ins All begann mit einer herausragenden Karriere bei der United States Navy, wo er seine Fähigkeiten als Testpilot verfeinerte. Wilmores Fachwissen beim Steuern verschiedener Flugzeuge

erwies sich als von unschätzbarem Wert, wie seine Beteiligung an der Entwicklung des Jet-Trainingsflugzeugs T-45 Goshawk zeigt, einem entscheidenden Flugzeug für die Ausbildung zukünftiger Generationen von Marinefliegern.

Wilmores außergewöhnliche Pilotenfähigkeiten und sein unerschütterlicher Einsatz erregten die Aufmerksamkeit der NASA, was dazu führte, dass er im Juli 2000 als Astronautenkandidat ausgewählt wurde. Die folgenden Jahre waren geprägt von hartem Training, das ihn auf die Herausforderungen und Komplexitäten der Raumfahrt vorbereitete. Dieses Training gipfelte in seinem ersten Raumflug im November 2009, einem Wendepunkt in seiner Karriere.

Als Pilot des Space Shuttle Atlantis für die Mission STS-129 spielte Wilmore eine entscheidende Rolle bei der Lieferung wichtiger Vorräte und Ausrüstung zur Internationalen Raumstation (ISS). Diese 11-tägige Mission war nicht nur sein Debüt im Weltraum, sondern stellte auch seine Führungs- und Teamfähigkeiten unter Beweis, als er nahtlos mit seinen Crew Kollegen zusammenarbeitete, um den Erfolg der Mission sicherzustellen.

Wilmores Engagement für die Weltraumforschung ging über seine erste Mission hinaus. Er diente als wichtiges Mitglied der Expedition 41 zur ISS und festigte so seine Erfahrung mit dem Leben und Arbeiten in der erdnahen Umlaufbahn weiter. Dieser längere Aufenthalt auf der Raumstation ermöglichte es ihm, bedeutende Beiträge zur wissenschaftlichen Forschung zu leisten und an verschiedenen Weltraum Spaziergängen teilzunehmen, wodurch er seine Fähigkeiten bei der Durchführung komplexer Aufgaben in der rauen Umgebung des Weltraums unter Beweis stellte.

Sunita „Suni" Williams:
Eine rekord brechende Weltraum Spaziergängerin und ein wissenschaftlicher Geist
Sunita Lyn Williams, geboren 1965 in Euclid, Ohio, ist in der Welt der Weltraumforschung ein Synonym für Leistung und Durchhaltevermögen. Ihr unerschütterliches Engagement für die Weltraum Wissenschaft und -erkundung ist ein Beweis für ihre Hingabe, die Grenzen des menschlichen Wissens zu erweitern. Williams' Reise begann mit einer herausragenden Karriere in der United States Navy, wo sie als Marineoffizierin diente und den Grundstein für ihre zukünftigen Errungenschaften legte.

Inspiriert von der Unendlichkeit des Weltraums und dem Streben nach wissenschaftlichen Entdeckungen, setzte sich Williams zum Ziel, Astronautin zu werden. Ihr außergewöhnlicher akademischer Hintergrund, gepaart mit ihrer Erfahrung als Marineoffizierin, machten sie zu einer überzeugenden Kandidatin für das Astronautenprogramm der NASA. Williams' erster Raumflug fand 2006 statt, als sie als Mitglied der Expedition 14 und Expedition 15 auf der Internationalen Raumstation diente. Während dieses längeren Aufenthalts leistete sie nicht nur einen wesentlichen Beitrag zur wissenschaftlichen Forschung an Bord der ISS, sondern schrieb auch ihren Namen in die Geschichte. Williams wurde Rekordhalterin für die meisten von einer Frau durchgeführten Weltraumspaziergänge, eine bemerkenswerte Leistung, die ihr technisches Fachwissen und ihre unerschütterliche Hingabe an die Mission unter Beweis stellte.

Ihre Rekordleistung war nicht der einzige Beweis für ihre Fähigkeiten. Williams festigte ihre Position als führende Weltraum Spaziergängerin weiter, indem sie insgesamt über 50 Stunden Weltraumspaziergang Zeit absolvierte, was zu dieser Zeit ein Rekord für Frauen war. Diese Erfahrung festigte nicht nur ihren Ruf als erfahrene Weltraum Spaziergängerin, sondern unterstrich auch ihre Fähigkeit, unter Druck ruhig und gelassen zu bleiben, eine entscheidende Eigenschaft für jeden Astronauten, der sich außerhalb der schützenden Grenzen des Raumschiffs wagt.

2012 kehrte Williams zur ISS zurück und war dieses Mal als Flugingenieur auf der Expedition 32 tätig. Ihre Führungsqualitäten und ihre umfassende Erfahrung erwiesen sich als von unschätzbarem Wert, da sie eine entscheidende Rolle bei der Gewährleistung des reibungslosen Betriebs der Raumstation spielte. Ihr Engagement und ihre Expertise wurden weiter gewürdigt, als sie zur Kommandantin der Expedition 33 ernannt wurde. Damit war sie die zweite Frau, die diese prestigeträchtige Position innehatte.

Die Bedeutung von Crewauswahl und Erfahrung: Das richtige Personal für die Raumfahrt

Der menschliche Entdeckergeist lebt davon, sich über das Bekannte hinauszugehen. Die Raumfahrt, die die Grenzen der menschlichen Existenz erweitert, stellt einzigartige Anforderungen an diejenigen, die solche Reisen unternehmen. Während technologische Fortschritte die Fähigkeiten von Raumfahrzeugen revolutioniert haben, bleibt der menschliche Faktor für den Missionserfolg von größter Bedeutung.

Die Auswahl der richtigen Crew für eine Raumfahrt geht über die einfache Auswahl technisch versierter Personen hinaus. Stellen Sie sich ein Team von Astronauten vor, das monatelang in einem engen Raum isoliert ist und den physischen und psychischen Herausforderungen der Mikrogravitation und der Entfernung von seinen Lieben ausgesetzt ist. Der Crew Auswahlprozess wird zu einem sorgfältigen Unterfangen, bei dem es darum geht, ein ausgewogenes Team mit sich ergänzenden Fähigkeiten und Persönlichkeiten zu finden.

Hier ein genauerer Blick auf die wichtigsten Säulen, die bei der Crew Auswahl berücksichtigt werden:
1. **Technisches Fachwissen**: Eine solide Grundlage in wissenschaftlichen und technischen Disziplinen

ist unerlässlich. Die Emissionsanforderungen bestimmen die gesuchten spezifischen Fähigkeiten. Das Steuern eines Raumfahrzeugs erfordert Fachwissen in Luft- und Raumfahrttechnik und Piloten Erfahrung. Bei Missionen mit Schwerpunkt auf wissenschaftlicher Forschung werden Astronauten mit einem Hintergrund in Physik, Geologie, Biologie oder Medizin bevorzugt.

2. Körperliche Fitness: Der menschliche Körper erfährt im Weltraum erhebliche physiologische Veränderungen. Die Mikrogravitation schwächt Muskeln und Knochen, während Strahlung und eine beengte Umgebung weitere Belastungen darstellen. In sorgfältigen medizinischen Untersuchungen werden die Herz-Kreislauf-Gesundheit eines Astronauten, seine Belastbarkeit für längere Zeiträume in der Mikrogravitation und seine allgemeine körperliche Fitness beurteilt. Darüber hinaus werden im Auswahlverfahren Faktoren wie Größe, Gewicht und Beweglichkeit berücksichtigt, um die Kompatibilität mit dem Design des Raumfahrzeugs und möglichen Außenbordeinsätzen (EVAs) – Weltraum Spaziergängen – während der Mission sicherzustellen.

3. Psychische Belastbarkeit: Die Raumfahrt stellt eine einzigartige Reihe psychologischer

Herausforderungen dar. Astronauten sind mit Isolation, Enge und langen Zeiträumen getrennt von ihren Lieben konfrontiert. In eingehenden psychologischen Untersuchungen werden die geistige Stabilität eines Astronauten, seine Fähigkeit, mit Stress und Langeweile umzugehen, und seine Anpassungsfähigkeit in unvorhersehbaren Situationen beurteilt. Emotionale Intelligenz, die Fähigkeit, Emotionen zu steuern und die anderer zu verstehen, ist ebenfalls entscheidend für die Aufrechterhaltung einer positiven und produktiven Teamumgebung.

4. Zwischenmenschliche Fähigkeiten: Effektive Kommunikation und Teamarbeit sind die Grundlage einer erfolgreichen Mission. Die Besatzung wird monatelang auf engstem Raum leben und arbeiten, was außergewöhnliche Teamfähigkeiten erfordert. Im Auswahlverfahren wird die Fähigkeit eines Astronauten bewertet, klar zu kommunizieren, Konflikte effektiv zu lösen und ein positives und produktives Team Umfeld aufrechtzuerhalten. Gute Führungsqualitäten und die Fähigkeit, andere zu inspirieren und zu motivieren, sind sehr gefragte Eigenschaften.

Kapitel 3: Der Missionsablauf: Start, Andocken und Rückkehr

Eine schrittweise Aufschlüsselung des Starliner Crew Flight Tests

Der Starliner Crew Flight Test (CFT) ist ein bedeutsames Ereignis, nicht nur für das Commercial Crew Program der NASA, sondern auch für die Zukunft der bemannten Raumfahrt. Dieses Kapitel befasst sich mit den komplizierten Details der Mission, von der Startrampe bis zur Rückkehrkapsel, und bietet ein umfassendes Verständnis jeder entscheidenden Phase.

1. orbereitungen vor dem Start: Wochen vor dem Start herrscht auf der Cape Canaveral Space Force Station eine Menge Betrieb. Die Atlas-V-Rakete wird strengen Kontrollen unterzogen, um sicherzustellen, dass alle Systeme einwandfrei funktionieren. In der Zwischenzeit wird das Starliner-Raumschiff sorgfältig überprüft und mit lebenswichtigen Vorräten für die Astronauten beladen. Wilmore und Williams trainieren intensiv in Simulatoren und proben jeden Aspekt der Mission, von Startverfahren bis hin zu möglichen Notfällen.

2. Abheben und Aufstieg: Am Starttag liegt die Vorfreude schwer in der Luft. Mit einer Feuerwolke und einem donnernden Brüllen zündet die mächtige Atlas-V-Rakete und treibt das Starliner-Raumschiff himmelwärts. Der anfängliche Aufstieg ist die kritischste Phase, da die Besatzung bei ihrer Beschleunigung in Richtung Weltraum starken G-Kräften ausgesetzt ist. Die Feststoffraketen Booster (SRBs) lösen sich ab, nachdem sie einen kräftigen Schub abgegeben haben, gefolgt von der Trennung des Boosters der ersten Stufe. Die Centaur-Oberstufe zündet und übernimmt die Aufgabe, das Raumschiff in die gewünschte Umlaufbahn zu treiben.

3. Orbitalmanöver und Rendezvous: Im Weltraum führt das Starliner-Raumschiff eine Reihe entscheidender Manöver durch. Diese Manöver optimieren seine Flugbahn und stellen sicher, dass es die richtige Umlaufebene und Höhe erreicht, um sich mit der Internationalen Raumstation (ISS) zu treffen. Während dieser Phase überwacht die Besatzung die Systeme des Raumschiffs genau und führt vorprogrammierte Triebwerk Zündungen durch, um seinen Kurs anzupassen.

4. Andocken an die ISS: Während sich der Starliner der ISS nähert, entfaltet sich eine komplexe Rendezvous Sequenz. Mithilfe hochentwickelter Leitsysteme und Bordkameras richtet sich das Raumschiff sorgfältig auf den Andockanschluss der Station aus. Die Besatzung überwacht sorgfältig kritische Parameter wie Entfernung, Annäherungsgeschwindigkeit und relative Fluglage. Sobald die perfekte Position erreicht ist, fährt der Starliner seine Andocksonde aus und nimmt Kontakt mit dem Bremskeil auf der ISS auf. Nach einer Reihe von Überprüfungen zur Bestätigung der Ausrichtung und Stabilität wird das Raumschiff vorsichtig näher heran manövriert, bis ein festes Andocken erreicht ist, wodurch eine sichere und luftdichte Verbindung zwischen den beiden Schiffen entsteht.

Die Rolle der Atlas-V-Rakete der United Launch Alliance

Die Atlas V, ein Arbeitspferd der US-Trägerflotte, dient als leistungsstarke Kraft hinter der Starliner-Mission. Diese äußerst zuverlässige Rakete verfügt über ein modulares Design, das es ermöglicht, sie für verschiedene Missionen anzupassen. Hier ist ein genauerer Blick auf ihre Anatomie:

1. Common Core Booster: Das Herz der Atlas V ist der Common Core Booster, der mit einer wirksamen Kombination aus flüssigem Sauerstoff und RP-1 (raffiniertem Erdöl) betrieben wird. Diese leistungsstarke erste Stufe liefert den anfänglichen Schub, der nötig ist, um das Raumfahrzeug aus der Erdatmosphäre zu katapultieren.

2. Feststoffraketenbooster (SRBs): Für zusätzlichen Schub während des Starts kann die Atlas V mit bis zu fünf SRBs ausgestattet werden, die an der Seite des gemeinsamen Kern Boosters befestigt sind. Diese Feststoffraketen liefern während des anfänglichen Aufstiegs einen erheblichen Energieschub und helfen dem Fahrzeug, die Schwerkraft der Erde zu überwinden.

3. Centaur-Oberstufe: Sobald die SRBs und der Booster der ersten Stufe ihren Brand beendet haben, übernimmt die Centaur-Oberstufe. Angetrieben von einem einzelnen oder doppelten RL-10-Motor, der für seine Effizienz bekannt ist, manövriert der Centaur das Raumfahrzeug in seine endgültige gewünschte Umlaufbahn.

4. Nutzlastverkleidung: Die Nutzlastverkleidung umhüllt das Starliner-Raumfahrzeug während des Starts, eine Schutzhülle, die das Raumfahrzeug vor den starken aerodynamischen Belastungen schützt, denen es während des Aufstiegs durch die Atmosphäre ausgesetzt ist. Sobald das Fahrzeug die dünne obere Atmosphäre erreicht, trennt sich die Verkleidung und gibt das Raumfahrzeug frei, das bereit ist, seine Mission zu beginnen.

Andock Verfahren an die Internationale Raumstation (ISS)

Das Andocken an die ISS ist ein heikles und kompliziertes Ballett, das präzise Manöver und eine einwandfreie Koordination zwischen der Starliner-Crew und den Bewohnern der Station erfordert. Nachfolgend sind die erforderlichen Schritte aufgeführt:

Rendezvous Phase: Das Starliner-Raumschiff verringert die Distanz zwischen sich und der ISS mithilfe der Triebwerke an Bord und hochentwickelten Leitsysteme. Während dieser Phase sind sorgfältige Berechnungen und präzise Triebwerk Zündungen unerlässlich, um eine sichere Flugbahn und einen angemessenen Anflugwinkel beizubehalten.

Sanftes Ankommen: Sobald der Starliner eine große Nähe zum Andockwagen der ISS erreicht, führt er ein sanftes Andocken durch. Dieser erste Kontakt umfasst eine sanfte Ausdehnung der Andocksonde des Raumschiffs in Richtung eines Brems Kegels auf der Station. Der Bremskeil fängt die Sonde ein und stellt eine vorläufige physische Verbindung her.

Dann Lastdämpfung und hartes Andocken

Kapitel 4: Technologie und Innovation: Was den Starliner einzigartig macht

Starliners fortschrittliche Systeme: Antrieb, Kommunikation, Lebenserhaltung

Antrieb: Der Starliner verlässt sich für seine Reise auf ein zweiteiliges Antriebssystem. Die erste Etappe nutzt die leistungsstarke Trägerrakete Atlas V, ein bewährtes Arbeitspferd in der Welt der Weltraumforschung. Die Atlas V verfügt über eine Reihe von Raketenstufen, die mit kryogenen Treibstoffen betrieben werden, einer Kombination aus flüssigem Sauerstoff (LOX) und flüssigem Wasserstoff (LH2). Diese Treibstoffe bieten eine außergewöhnliche Effizienz und erzeugen einen enormen Schub, um den Starliner aus der Erdatmosphäre zu treiben.

Im Weltraum übernimmt Starliners eigenes Orbital Maneuvering and Attitude Control System

(OMACS). Dieses System besteht aus einer Gruppe kleinerer Motoren, die mit hyperbolischen Treibstoffen betrieben werden. Hyperbolische Treibstoffe entzünden sich bei Kontakt spontan, sodass keine externe Zündquelle erforderlich ist. Hyperbolische Treibstoffe sind zwar weniger effizient als kryogene Treibstoffe, aber ihre Einfachheit und Zuverlässigkeit machen sie ideal für Manöver und Lageregelung im Weltraum.

Das OMACS-System versorgt Starliner mit dem Schub, der für den Eintritt in die Umlaufbahn, das Rendezvous und Andocken an die Internationale Raumstation (ISS) sowie für Manöver während des Verlassens der Umlaufbahn und der Landung erforderlich ist. Für zusätzliche Sicherheit und Mission Redundanz verfügt das OMACS-System über mehrere Triebwerke. Im unwahrscheinlichen Fall eines Triebwerkausfalls können die verbleibenden Triebwerke die Mission trotzdem sicher abschließen.

Kommunikation: Starliner verfügt über ein robustes Kommunikationssystem, das einen nahtlosen Informationsfluss zwischen der Besatzung und der Emissionskontrolle auf der Erde gewährleistet. Der primäre Kommunikationskanal basiert auf S-Band- und Ku-Band-Funkfrequenzen. Das S-Band bietet eine zuverlässige, bidirektionale Kommunikationsverbindung für kritische Missionsdaten, Telemetrie (Echtzeitdaten von Raumfahrzeug Systemen) und Sprachkommunikation. Das Ku-Band bietet eine höhere Bandbreite, ideal für die Übertragung von hochauflösenden Videos und großen Datendateien, wie z. B. wissenschaftlichen Forschungsdaten oder der Kommunikation der Besatzung mit der Familie auf der Erde.

Neben den primären Kanälen verfügt Starliner über ein Backup-Kommunikationssystem für Notfälle. Dieses System nutzt alternative Frequenzen oder sogar Kommunikationssatelliten, um unter allen Umständen einen unterbrechungsfreien Kontakt mit der Besatzung sicherzustellen. Darüber hinaus ist die Starliner-Kapsel mit Hochleistungsantennen ausgestattet, die Kommunikationssignale verfolgen und erfassen können, selbst wenn das Raumschiff nicht perfekt auf die Erde ausgerichtet ist.

Lebenserhaltung: Das Lebenserhaltungssystem des Starliners schafft und erhält während des gesamten Raumflugs eine sichere und angenehme Umgebung für die Besatzung. Dieses komplexe System besteht aus mehreren Schlüsselkomponenten:

- **Atmosphäre Kontrollsystem:** Dieses System sorgt für eine atembare Atmosphäre innerhalb der Kapsel. Es nutzt Elektrolyse, um Sauerstoff aus Wasserdampf zu erzeugen, ein Prozess, der vom elektrischen System des Raumschiffs angetrieben wird. Währenddessen entfernt ein separates System durch eine Kombination aus Filtern und chemischen Reaktionen das von der Besatzung ausgeatmete Kohlendioxid. Das System reguliert auch den Luftdruck innerhalb der Kapsel und sorgt so für eine angenehme Umgebung für die Besatzung.

- **Wärme Kontrollsystem:** Der Weltraum bietet eine raue thermische Umgebung mit sengenden Temperaturen während des Starts und Aufstiegs, gefolgt von der extremen Kälte des Weltraums. Das Wärme Kontrollsystem sorgt während der gesamten Mission für einen angenehmen Temperaturbereich für die Besatzung. Es nutzt eine Kombination aus Heizkörpern, um während des Starts und Aufstiegs überschüssige Wärme abzuführen, und Heizungen, um die Wärme im kalten Vakuum des Weltraums aufrechtzuerhalten. Dieses System lässt auch die Luft innerhalb der Kapsel zirkulieren, um eine gleichmäßige Temperaturverteilung zu gewährleisten.

- **Wassermanagementsystem**: Wasser ist für das menschliche Überleben unerlässlich, und das Wassermanagementsystem von Starliner erfüllt diesen kritischen Bedarf. Das System beginnt mit einem vorgeladenen Wasservorrat für den Verbrauch und die Hygienebedürfnisse der Besatzung. Zusätzlich filtert und recycelt ein Wärmerückgewinnungssystem verbrauchtes Wasser und maximiert so die verfügbaren Ressourcen während längerer Missionen. Das System kann auch Feuchtigkeit aus der Ausatemluft der Besatzung verarbeiten, um zusätzliches Wasser zu erzeugen.

- **Abfallmanagementsystem**: Starliner verfügt über ein Abfallmanagementsystem zur Handhabung des von der Besatzung erzeugten Abfalls. Dieses System verwendet Methoden wie Filterung und Eindämmung, um eine hygienische Umgebung innerhalb der Kapsel zu gewährleisten. Die spezifischen Details des Abfallmanagements Systems sind aus Datenschutzgründen möglicherweise nicht öffentlich verfügbar, aber es ist so konzipiert, dass es sicher, effizient und geruch kontrolliert ist.

Starliner vs. Crew Dragon: Ein umfassender Vergleich

Starliner und Crew Dragon stellen zwar bedeutende Fortschritte in der kommerziellen Raumfahrt dar, unterscheiden sich jedoch in wesentlichen Punkten:

1. Antriebssysteme: Der Starliner verlässt sich für den ersten Aufstieg auf die leistungsstarke Trägerrakete Atlas V, während Crew Dragon die Rakete Falcon 9 von SpaceX nutzt. Beide Raketen bieten außergewöhnliche Leistung, aber die Falcon 9 verwendet eine andere Treibstoff Kombination (flüssiger Sauerstoff und RP-1, eine Form von Kerosin) als die kryogenen Treibstoffe der Atlas V.

2. Andock Fähigkeiten: Sowohl Starliner als auch Crew Dragon sind für das Andocken an die Internationale Raumstation (ISS) ausgelegt. Ihre Andock Mechanismen und -software unterscheiden sich jedoch geringfügig. Starliner verwendet ein Andocksystem namens Nodal Point System (NDS), das eine Reihe von Kameras und Sensoren verwendet, um die Kapsel zum Andockwagen der ISS zu führen. Crew Dragon hingegen verwendet ein System namens Crew Dragon Docking Adapter (CDBA), das einen automatisierten Ansatz mit einem sanften Andock Kontakt bietet.

3. Crew-Schnittstelle und Automatisierung: Die Crew-Schnittstellen von Starliner und Crew Dragon bieten Astronauten unterschiedliche Erfahrungen. Starliner verfügt über eine Touchscreen-basierte Schnittstelle für die Interaktion der Crew mit verschiedenen Raumfahrzeug Systemen. Crew Dragon bietet eine ähnliche Schnittstelle, verfügt aber auch über physische Tasten und Joysticks für zusätzliche Kontrolle bei kritischen Manövern. In Bezug auf die Automatisierung verlässt sich Starliner derzeit bei bestimmten Aspekten des Flugs mehr auf die manuelle Steuerung durch die Crew, während Crew Dragon einen höheren Grad an Automatisierung aufweist, insbesondere bei Andockvorgängen.

4. Start Historie und bevorstehende Missionen: Stand 28. März 2024 kann Crew Dragon im Vergleich zu Starliner eine umfangreichere Start Historie vorweisen. Crew Dragon hat zahlreiche erfolgreiche Missionen zur ISS abgeschlossen und dabei Astronauten und Fracht transportiert. Starliner hat zwei unbemannte Testflüge absolviert, seine erste bemannte Mission ist für die nahe Zukunft geplant.

Intentionally left blank

Kapitel 5: Über den Testflug hinaus: Zertifizierung und reguläre Missionen

Die Bedeutung eines erfolgreichen CFT für Boeing und die NASA

Der bevorstehende NASA Boeing Starliner Crew Flight Test (CFT) ist mehr als nur ein Start; er stellt einen kritischen Wendepunkt in der Geschichte der bemannten Raumfahrt dar. Bei dieser für Mai 2024 geplanten Mission werden die erfahrenen Astronauten Butch Wilmore und Suni Williams an Bord des Starliner-Raumschiffs von Boeing eine entscheidende Reise zur Internationalen Raumstation (ISS) antreten. Der Erfolg dieser Mission ist sowohl für Boeing als auch für die NASA von immenser Bedeutung, markiert den Höhepunkt jahrelanger engagierter Anstrengungen und ebnet den Weg für eine neue Ära der amerikanischen Weltraumforschung.

Ein Beweis für Beständigkeit und Innovation.
Ein erfolgreicher CFT wird der erste bemannte Flug des Starliners sein, ein Meilenstein, der die erfolgreiche Umsetzung jahrelanger Design-, Konstruktions- und strenger Tests in die Realität bedeutet. Nach den anfänglichen Rückschlägen und Verzögerungen während der Entwicklung des Starliner-Programms wird ein erfolgreicher CFT ein Beweis für das unerschütterliche Engagement und die Innovationskraft von Boeing und der NASA sein. Es wird die erfolgreiche Lösung komplexer technischer Herausforderungen darstellen und den Einfallsreichtum beider Organisationen bei der Überwindung von Hindernissen und der Erweiterung der Grenzen des Raumfahrzeug Designs demonstrieren.

Amerikas Weg in die erdnahe Umlaufbahn sichern.
Über seine symbolische Bedeutung hinaus hat das CFT einen strategischen Wert für das Commercial Crew Program der NASA. Dieses Programm zielt darauf ab, ein nachhaltiges und zuverlässiges Transportsystem für bemannte Raumflüge zur ISS aufzubauen und die amerikanische Unabhängigkeit

beim Zugang zur erdnahen Umlaufbahn (LEO) zu fördern. Derzeit dient die Crew Dragon von SpaceX als Haupttransportmittel für Astronauten zur ISS. Ein erfolgreicher Starliner CFT wird der NASA ein zweites in Amerika hergestelltes, für die Besatzung zugelassenes Raumfahrzeug zur Verfügung stellen, was Redundanz gewährleistet und die Abhängigkeit von einem einzelnen Anbieter verringert. Dies erhöht nicht nur die Mission Flexibilität, sondern stärkt auch die allgemeine nationale Sicherheit, indem es im Falle unvorhergesehener Umstände eine alternative Startoption bietet.

Das Potenzial des Starliners freisetzen.
Die CFT-Mission dient als entscheidender Schritt zur Freisetzung des vollen Potenzials des Starliner-Raumfahrzeugs. Neben dem Transport von Astronauten zur ISS ist der Starliner auch für zukünftige Missionen vorgesehen, darunter möglicherweise auch frei fliegende Missionen in der erdnahen Umlaufbahn oder sogar bemannte Vorbeiflüge am Mond. Ein erfolgreicher CFT wird die Fähigkeiten des Starliners bestätigen und den Weg für die weitere Entwicklung und Erforschung seiner potenziellen Anwendungen ebnen. Dies könnte zu einer Ausweitung der Möglichkeiten für

bemannte Raumflüge führen und eine robustere und vielseitigere amerikanische Präsenz im Weltraum fördern.

Stärkung der internationalen Zusammenarbeit.
Der Erfolg des Starliner CFT hat das Potenzial, die internationale Zusammenarbeit bei der Weltraumforschung auszuweiten. Die Internationale Raumstation dient als einzigartige Plattform für wissenschaftliche Forschung und technologische Entwicklung und fördert die Zusammenarbeit zwischen Nationen auf der ganzen Welt. Mit Starliner als praktikabler Transportoption könnten möglicherweise mehr internationale Partner an ISS-Missionen teilnehmen, was den Geist der Zusammenarbeit bereichert und den wissenschaftlichen Fortschritt an Bord des Orbital Labors beschleunigt.

Eine neue Generation inspirieren.
Der kommende Starliner CFT hat das Potenzial, eine neue Generation von Wissenschaftlern, Ingenieuren und Weltraum Enthusiasten zu inspirieren. Der Start und der erfolgreiche Betrieb dieser Raumsonde werden uns eindringlich an den menschlichen Einfallsreichtum und unsere gemeinsame Fähigkeit

erinnern, die Grenzen der Erforschung zu erweitern. Diese Inspiration hat das Potenzial, eine Leidenschaft für die Ausbildung in den Bereichen Wissenschaft, Technologie, Ingenieurwesen und Mathematik (STEM) zu entfachen und eine zukünftige Generation von Innovatoren zu fördern, die die Menschheit weiter in den Kosmos führen werden.

Der Weg zur Starliner-Zertifizierung und zu operativen Flügen

Der Weg von einem erfolgreichen CFT zu regulären Starliner-Missionen umfasst eine Reihe strenger Bewertungen und Zertifizierungen. Das Verständnis dieses Prozesses ist entscheidend, um die umfassenden Maßnahmen zur Gewährleistung der Sicherheit der Besatzung und des Missionserfolgs zu würdigen.

Strenge Tests und Datenanalyse.
Nach einem erfolgreichen CFT wird die NASA eine letzte Runde eingehender Analysen durchführen,

bevor sie den Starliner offiziell für routinemäßige Besatzung Emissionen zertifiziert. Dieser Prozess umfasst eine sorgfältige Überprüfung der während des CFT gesammelten Daten, die jeden Aspekt der Leistung des Raumfahrzeugs umfassen, vom Start und Andocken bis zum Wiedereintritt und der Landung. Ingenieure werden Telemetriedaten, Videoaufzeichnungen und Sensorwerte genau untersuchen, um mögliche Anomalien oder Verbesserungsbereiche zu identifizieren.

Bewältigung früherer Herausforderungen und Sicherstellung des zukünftigen Erfolgs.
Ein kritischer Bestandteil des Zertifizierungsprozesses wird die Auswertung von Daten aus einem kürzlich durchgeführten Fallschirmtest sein. Dieser Test zielte darauf ab, das neu gestaltete „Softlink"-System zu validieren, eine entscheidende Komponente, die zuvor zu Mission Verzögerungen beigetragen hatte. Eine gründliche Analyse dieser Testdaten wird sicherstellen, dass das Fallschirmsystem des Starliners einwandfrei funktioniert und die Sicherheit der Besatzung während der kritischen Wiedereintritts- und Landephasen gewährleistet.

Verbindung der Besatzungs- und Servicemodule.
Nachdem sowohl das Besatzungs Modul, in dem die Astronauten untergebracht sind, als auch das Servicemodul, das für Antrieb und Stromerzeugung zuständig ist, strengen Einzeltests und Zertifizierungen unterzogen wurden, werden sie zusammengefügt, um das komplette Starliner-Raumschiff zu bilden. Dieser Verbindungsprozess selbst wird einer sorgfältigen Prüfung unterzogen, um eine nahtlose und sichere Integration der beiden Module zu gewährleisten.

Klare Meilensteine setzen und Transparenz wahren.
NASA und Boeing werden einen klar definierten Zeitplan für den Zertifizierungsprozess festlegen, in dem jeder kritische Meilenstein und die zugehörigen Testverfahren beschrieben werden. Diese Transparenz wird nicht nur das Vertrauen der Öffentlichkeit in das Starliner-Programm stärken, sondern auch eine klare Rechenschaftspflicht während des gesamten Zertifizierungsprozesses gewährleisten. Regelmäßige Updates über den Fortschritt und alle aufkommenden Herausforderungen werden entscheidend sein, um

Transparenz zu wahren und öffentliches Vertrauen aufzubauen.

Unabhängige Überprüfung Gremien und die Macht der Zusammenarbeit
Ein wesentlicher Bestandteil des Zertifizierungsprozesses ist die Teilnahme unabhängiger Überprüfung Gremien (Independent Review Boards, IRBs). Diese Gremien bestehen aus unabhängigen Luft- und Raumfahrtexperten, die alle Aspekte des Starliner-Programms sorgfältig prüfen, von Design- und Testverfahren bis hin zu Schulungs Protokollen für die Besatzung. Die IRBs bieten eine objektive und kritische Perspektive, identifizieren potenzielle Risiken und geben Verbesserungsvorschläge. Ihre Beteiligung fördert eine kollaborative Umgebung, in der das Fachwissen verschiedener Interessengruppen genutzt wird, um die Betriebsbereitschaft des Starliners sicherzustellen.

Öffentlicher Kontrolle begegnen und Vertrauen aufbauen.
Das Starliner-Programm stand in der Vergangenheit aufgrund von Entwicklungsschwierigkeiten und -verzögerungen unter öffentlicher Kontrolle. Ein

erfolgreicher CFT in Verbindung mit einem transparenten und strengen Zertifizierungsprozess kann einen großen Beitrag zur Wiederherstellung des öffentlichen Vertrauens leisten. Eine offene Kommunikation über die aus früheren Rückschlägen gezogenen Lehren und die ergriffenen Korrekturmaßnahmen wird bei diesem Unterfangen von entscheidender Bedeutung sein. Indem sie ihr Engagement für Sicherheit und eine Kultur der kontinuierlichen Verbesserung demonstrieren, können NASA und Boeing das öffentliche Vertrauen in das Starliner-Programm zurückgewinnen.

Die potenziellen Auswirkungen auf die Weltraum Wirtschaft

Der erfolgreiche Start und Betrieb des Starliner-Raumschiffs haben das Potenzial, die aufkeimende Weltraum Wirtschaft erheblich zu beeinflussen. Dieser Abschnitt befasst sich mit den potenziellen Auswirkungen für verschiedene Interessengruppen in diesem dynamischen und sich schnell entwickelnden Markt:

1. Ein Katalysator für Wettbewerb und Innovation.
Die Inbetriebnahme des Starliners wird ein entscheidendes Wettbewerbselement in den kommerziellen Raumfahrt Sektor einführen. Da SpaceXs Crew Dragon bereits etabliert ist, wird die Existenz einer tragfähigen Alternative beide Unternehmen dazu anregen, ihre Raumschiffe und Dienste kontinuierlich zu verbessern. Dieses Wettbewerbsumfeld kann Innovationen fördern, die zu Fortschritten im Raumschiff Design, der Betriebseffizienz und möglicherweise sogar zu Kostensenkungen führen.

2. Erweiterung der Marktchancen und Förderung der Zusammenarbeit.
Die Existenz von zwei in Amerika hergestellten, bemannten Raumschiffen kann Türen zu neuen Marktchancen in der Weltraum Wirtschaft öffnen. Mit verbesserten Transportmöglichkeiten könnten private Unternehmen und Forschungseinrichtungen eher geneigt sein, in weltraumgestützte Unternehmungen zu investieren, was möglicherweise zu einem Anstieg der wissenschaftlichen Forschung, der technologischen Entwicklung und der

Weltraumtourismus-Bemühungen führen könnte. Darüber hinaus könnte die Verfügbarkeit mehrerer Raumfahrzeuge die Zusammenarbeit zwischen privaten Raumfahrtunternehmen und Regierungsbehörden erleichtern und so zur Schaffung eines robusteren und vielseitigeren Weltraum-Ökosystems führen.

3. Die sich entwickelnde Rolle der privaten Raumfahrt.
Das Starliner-Programm stellt einen bedeutenden Fortschritt in der sich entwickelnden Rolle der privaten Raumfahrt dar. Diese öffentlich-private Partnerschaft zwischen NASA und Boeing zeigt das Potenzial der Zusammenarbeit zwischen Regierungsbehörden und privaten Unternehmen zur Beschleunigung der Weltraumforschung. Der Erfolg des Starliner-Programms könnte den Weg für weitere öffentlich-private Partnerschaften ebnen, die möglicherweise zur Entwicklung fortschrittlicherer Raumfahrzeuge und zur Erforschung tieferer Bereiche des Weltraums führen.

4. Unsicherheiten und langfristige Überlegungen.
Obwohl die potenziellen Vorteile des Starliner-Programms unbestreitbar sind, gibt es auch

Unsicherheiten, die berücksichtigt werden müssen. Die Zukunft des Starliners nach seinen ersten NASA-Missionen bleibt unklar. Die langfristige Rentabilität des Programms wird von seiner Fähigkeit abhängen, zusätzliche Verträge mit der NASA oder anderen Raumfahrtunternehmen zu erhalten. Darüber hinaus wird die allgemeine Gesundheit der Weltraum Wirtschaft eine entscheidende Rolle für den langfristigen Erfolg des Starliner-Programms spielen.

5. Ein Sprungbrett in eine bessere Zukunft
Trotz dieser Unsicherheiten stellt das Starliner-Programm einen bedeutenden Sprung nach vorne in der bemannten Raumfahrt dar. Ein erfolgreicher CFT in Verbindung mit einem strengen Zertifizierungsprozess hat das Potenzial, eine neue Ära der Weltraumforschung einzuläuten. Die Auswirkungen des Starliners könnten weit über seine Rolle beim Transport von Astronauten hinausgehen und möglicherweise als Katalysator für Innovation, Zusammenarbeit und Wirtschaftswachstum innerhalb der Weltraum Wirtschaft dienen. Während die Menschheit ihren Blick immer weiter in den Kosmos richtet, stellt das

Starliner-Programm ein Sprungbrett in eine bessere Zukunft der Weltraumforschung dar.

Kapitel 6: Zusammenarbeit und internationale Weltraumforschung

Die Rolle internationaler Partnerschaften im ISS-Programm

DIE ISS (Internationale Raumstation) ist ein Beweis für die Macht internationaler Zusammenarbeit bei der Weltraumforschung. Dieses 1998 gestartete Orbitallabor ist eine Zusammenarbeit von fünf Weltraumagenturen:

1. **NASA (USA):** Die NASA bringt umfangreiche Erfahrung in der bemannten Raumfahrt und technologischen Innovation mit. Sie steuerte wichtige Module wie den Unity-Knoten und das Destiny-Labor sowie den legendären Roboterarm Canadarm2 bei, der von der kanadischen Weltraumagentur entwickelt wurde.

2. **Roskosmos (Russland):** Das russische Weltraumprogramm kann auf eine reiche Geschichte und Expertise in der Konstruktion und dem Bau von

Raumfahrzeugen zurückblicken. Sie lieferten die Module Zarja und Swesda, die den ursprünglichen Kern der ISS bildeten, und ihr Raumschiff Sojus bleibt das wichtigste Transportmittel für den Transport von Besatzungen.

3. JAXA (Japan): Zu den Beiträgen Japans gehört das Kibo-Labormodul, das für seinen Roboterarm und seine wissenschaftlichen Einrichtungen zur Durchführung von Mikrogravitation Experimenten in verschiedenen Bereichen bekannt ist. Auch die Astronauten der JAXA haben eine wichtige Rolle bei der Forschung und Wartung der Station gespielt.

4. ESA (European Space Agency): Die ESA vertritt mehrere europäische Länder und ist unter anderem am Columbus-Labormodul für die Bio Wissenschaftsforschung beteiligt sowie am Automated Transfer Vehicle (ATV), das als wichtiges Raumfahrzeug zur Nachschubversorgung diente.

5. CSA (Canadian Space Agency): Kanadas Beitrag konzentriert sich stark auf die Robotik. Der Roboterarm Canadarm2 ist ein wichtiges Werkzeug für die Montage und Wartung der Station sowie für die Durchführung wissenschaftlicher Experimente außerhalb der Station.

Diese Partnerschaften haben den Erfolg der ISS auf verschiedene Weise gefördert:

1. Gemeinsam genutzte Ressourcen: Der Aufbau und die Wartung einer komplexen Struktur wie der ISS wären für jedes einzelne Land enorm teuer. Durch die Bündelung der Ressourcen werden die Kosten verteilt, was das Projekt finanziell tragfähiger macht.

2. Austausch von Fachwissen: Jede Weltraumagentur bringt einzigartiges Fachwissen und Erfahrung mit ein. Die Zusammenarbeit ermöglicht Wissenstransfer und fördert Innovation und Problemlösung auf der Grundlage unterschiedlicher Perspektiven.

3. Technologische Zusammenarbeit: Die gemeinsame Entwicklung von Technologien ermöglicht schnellere Durchbrüche und die Schaffung fortschrittlicherer Systeme. Die ISS selbst dient als Testumgebung für neue Technologien, die zukünftigen Weltraumforschung Vorhaben zugute kommen.

4. Globale Zusammenarbeit: Die ISS ist ein Symbol für internationale Zusammenarbeit in einem anspruchsvollen und wissenschaftlich lohnenden Bereich. Diese Zusammenarbeit fördert friedliche wissenschaftliche Bestrebungen und fördert ein

Gefühl globaler Einheit für eine gemeinsame Zukunft im Weltraum.

Starliners Potenzial für zukünftige internationale Missionen

Der Boeing CST-100 Starliner könnte zukünftige internationale Weltraummissionen revolutionieren. Dieses Raumschiff der nächsten Generation verfügt über Eigenschaften, die es für gemeinsame Weltraumerkundungsvorhaben gut geeignet machen:
1. Besatzungskapazität: Mit der Fähigkeit, bis zu sieben Astronauten aufzunehmen, bietet der Starliner Flexibilität bei der Zusammensetzung der Besatzung. Dies ermöglicht internationale Zusammenarbeit, indem es eine vielfältige Mischung von Nationalitäten auf einer einzigen Mission ermöglicht. Wissenschaftler und Forscher aus verschiedenen Ländern können an Weltraummissionen teilnehmen und so den internationalen wissenschaftlichen Austausch fördern.

2. Wiederverwendbarkeit: Anders als frühere Raumschiffe, die entbehrlich waren, ist der Starliner so konzipiert, dass er wiederverwendbar ist. Dies reduziert die Betriebskosten erheblich und macht Weltraumflüge für internationale Partner zugänglicher, die möglicherweise Budgetbeschränkungen haben. Die Wiederverwendbarkeit gewährleistet einen nachhaltigen Ansatz für die Weltraumerkundung, reduziert Abfall und maximiert die Nutzung von Ressourcen.

3. Andockmöglichkeiten: Der Starliner ist so konzipiert, dass er an die ISS andocken kann, was einen Wechsel der Besatzung und die Lieferung wichtiger Vorräte an das umlaufende Labor ermöglicht. Diese Fähigkeit ist entscheidend für die Aufrechterhaltung der internationalen Zusammenarbeit auf der ISS und möglicherweise zukünftigen Raumstationen oder Außenposten.

4. Erweiterte Funktionen: Der Starliner verfügt über mehrere erweiterte Funktionen zur Verbesserung der Sicherheit und des Komforts der Besatzung. Dazu gehören ein hochmodernes Umweltkontrollsystem, fortschrittliche

Lebenserhaltungssysteme und eine moderne Avionik-Suite. Diese Funktionen gewährleisten eine sichere und produktive Umgebung für internationale Besatzungen während längerer Missionen.

Das Potenzial des Starliners geht über die ISS hinaus. Sein Design ermöglicht die Anpassung, um verschiedene Ziele in niedriger Erdumlaufbahn (LEO) zu erreichen, darunter potenzielle zukünftige kommerzielle Raumstationen oder Mondaußenposten. Dies eröffnet spannende Möglichkeiten für die kollaborative Weltraumerkundung über die erdnahe Umgebung hinaus.

Die Zukunft öffentlich-privater Partnerschaften in der Weltraumforschung

Öffentlich-private Partnerschaften (ÖPP) werden die Weltraumforschung revolutionieren. Traditionell wurde die Weltraumforschung von Regierungsbehörden wie der NASA dominiert. Das Aufkommen privater Raumfahrtunternehmen wie

Boeing, SpaceX und Blue Origin hat jedoch eine neue Ära der Zusammenarbeit eingeläutet.

Diese Partnerschaften bieten mehrere Vorteile:
1. **Technologischer Fortschritt:** Private Unternehmen arbeiten oft mit einem eher „unternehmerischen" Geist, was zu schneller Innovation und Entwicklung führt. Durch die Zusammenarbeit können die NASA und andere Weltraumagenturen diese Agilität nutzen, um technologische Durchbrüche zu beschleunigen.

2. **Kostensenkung**: Private Unternehmen arbeiten in der Regel mit schlankeren Strukturen und legen den Schwerpunkt auf Effizienz. Durch die Partnerschaft mit ihnen erhalten öffentliche Weltraumagenturen Zugang zu kostengünstigen Lösungen und können ihre Budgets möglicherweise weiter ausdehnen. Dies ist entscheidend für die Durchführung ehrgeiziger Weltraumforschungsvorhaben, die möglicherweise mit ausschließlich öffentlichen Mitteln nicht realisierbar sind.

3. **Risikoteilung**: ÖPP ermöglichen eine Risikoteilung zwischen Regierungsbehörden und privaten Unternehmen. Dies kann private

Unternehmen dazu anregen, in riskante, aber potenziell lukrative Unternehmungen zu investieren, und gleichzeitig die finanzielle Belastung für öffentliche Einrichtungen verringern.

4. Markterweiterung: Öffentliche Mittel können privaten Unternehmen dabei helfen, neue Technologien und Dienstleistungen zu entwickeln und so einen florierenden kommerziellen Weltraumsektor zu fördern. Dies kann zur Schaffung neuer Märkte und wirtschaftlicher Möglichkeiten führen und die Innovation in der Weltraumindustrie weiter vorantreiben.

Herausforderungen und Überlegungen für öffentlich-private Partnerschaften:
Trotz der zahlreichen Vorteile stehen PPPs in der Weltraumforschung auch vor einigen Herausforderungen:
1. Geistiges Eigentum: Die gemeinsame Nutzung von geistigem Eigentum (IP), das im Rahmen von Partnerschaften entwickelt wurde, kann ein Streitpunkt sein. Es müssen klare Vereinbarungen bezüglich Eigentums- und Nutzungsrechten für neue Technologien getroffen werden.

2. Missionsziele: Die Abwägung öffentlicher und privater Interessen kann komplex sein. Öffentliche Weltraumagenturen können wissenschaftliche Entdeckungen und Erkundungen priorisieren, während private Unternehmen sich auf Profit oder kommerzielle Unternehmungen konzentrieren. Die Abstimmung der Missionsziele und die Gewährleistung von Transparenz sind für erfolgreiche Partnerschaften von entscheidender Bedeutung.

3. Regulierung und Aufsicht: Da der private Weltraumsektor wächst, sind strenge Regulierungen und Aufsicht erforderlich, um Sicherheit, ethisches Verhalten und eine verantwortungsvolle Nutzung der Weltraumressourcen zu gewährleisten.

4. Langfristige Nachhaltigkeit: Einige öffentlich-private Partnerschaften können projektspezifisch sein. Die Entwicklung eines Rahmens für eine langfristige Zusammenarbeit und die Gewährleistung eines nachhaltigen Modells für die Finanzierung zukünftiger Vorhaben ist von entscheidender Bedeutung.

Die Zukunft der Weltraumforschung wird zweifellos durch Zusammenarbeit geprägt. Internationale Partnerschaften und öffentlich-private Partnerschaften werden weiterhin eine entscheidende Rolle dabei spielen, Innovationen voranzutreiben, den Zugang zum Weltraum zu erweitern und ehrgeizige Ziele zu erreichen.

Der Erfolg des ISS-Programms dient als Modell für zukünftige internationale Kooperationen. Der Starliner mit seinem Potenzial für die Teilnahme internationaler Besatzungen und seiner Wiederverwendbarkeit ist ein Beispiel dafür, wie private Unternehmen zur globalen Weltraumforschung beitragen können.

Mit Blick auf die Zukunft werden die Förderung einer klaren Kommunikation, die Schaffung starker rechtlicher Rahmenbedingungen und die Priorisierung von Sicherheit und ethischer Erforschung von entscheidender Bedeutung für die Gewährleistung erfolgreicher Kooperationen sein. Wenn öffentliche und private Einrichtungen zusammenarbeiten, können wir das enorme Potenzial des Weltraums für wissenschaftliche Entdeckungen, technologischen Fortschritt und das Wohl der gesamten Menschheit freisetzen.

Kapitel 7: Fazit: Eine neue Ära für den Astronautentransport

Zusammenfassung der Bedeutung des Starliner-Crew-Flugtests

Der Starliner-Crew-Flugtest war nicht nur ein erfolgreicher Start und ein erfolgreiches Andocken; er war die Krönung jahrelanger engagierter Arbeit von Ingenieuren, Wissenschaftlern, Astronauten und zahllosen Einzelpersonen bei Boeing und der NASA. Diese Mission war aus mehreren Gründen von immenser Bedeutung:

1. Validierung des Starliner-Raumschiffs: Der Testflug diente als entscheidende Validierung des Designs, der Systeme und der Fähigkeiten des Boeing Starliner-Raumschiffs. Er demonstrierte die Fähigkeit des Starliners, Astronauten sicher zur ISS zu bringen, sie während des Flugs zu versorgen und sie zur Erde zurückzubringen. Dieser erfolgreiche Test ebnet den Weg für zukünftige bemannte Missionen zur ISS und bietet der NASA neben der

Crew Dragon-Kapsel von SpaceX eine zuverlässige und vielseitige Option für den Astronautentransport.

2. Stärkung öffentlich-privater Partnerschaften: Der Starliner-Crew-Flugtest ist ein starkes Symbol für den Erfolg öffentlich-privater Partnerschaften in der Weltraumforschung. Die Zusammenarbeit der NASA mit Boeing nutzte das Fachwissen und die Innovation des privaten Sektors, während die NASA entscheidende Aufsicht und Missionserfahrung lieferte. Dieses Modell hat sich als wirksam erwiesen, um Kosten zu senken und die technologische Entwicklung zu beschleunigen. Der Erfolg der Starliner-Mission ebnet den Weg für zukünftige öffentlich-private Partnerschaften und fördert weitere Fortschritte bei der Weltraumforschung.

3. Wiederbelebung der bemannten Raumfahrt: Der Starliner-Crew-Flugtest hat das weltweite Interesse an der bemannten Raumfahrt neu entfacht. Das Erleben eines erfolgreichen Starts und Andockens nach Jahren der Entwicklung beflügelt die Vorstellungskraft der Öffentlichkeit neu und unterstreicht die Bedeutung der Weltraumforschung. Dieses erneuerte Interesse zieht junge Köpfe an, die

Karrieren in MINT-Fächern anstreben, und treibt die nächste Generation von Wissenschaftlern und Ingenieuren an, die die Fackel der Weltraumforschung weitertragen werden.

4. Förderung der wissenschaftlichen Forschung: Die Fähigkeit des Starliners, Astronauten zur ISS zu transportieren, öffnet Türen für eine Vielzahl wissenschaftlicher Forschungsmöglichkeiten. Astronauten an Bord können wichtige Experimente in der Mikrogravitation durchführen und so unser Verständnis der menschlichen Physiologie, der Materialwissenschaften und anderer Disziplinen erweitern. Da der Starliner neben professionellen Astronauten auch Wissenschaftler befördern kann, kann bei der Weltraumforschung auch ein breiteres Spektrum an Fachwissen eingebracht werden.

Die Aufregung und das Versprechen einer neuen Ära in der Raumfahrt

Der erfolgreiche Starliner-Crew-Flugtest wird einen Wendepunkt markieren und eine neue Ära der

Raumfahrt einläuten, die durch mehrere Schlüsselaspekte gekennzeichnet ist:

1. Erhöhte Missionsfrequenz: Da sowohl Crew Dragon als auch Starliner einsatzbereit sind, hat die NASA mehr Möglichkeiten, Astronauten zur ISS zu transportieren. Dies bedeutet eine potenzielle Erhöhung der Frequenz bemannter Missionen, was mehr Crewrotation, wissenschaftliche Experimente und Wartungsaktivitäten an Bord des Orbitallabors ermöglicht. Diese erhöhte Aktivität fördert eine dynamischere und produktivere Raumstationsumgebung.

2. Reduzierte Kosten: Öffentlich-private Partnerschaften haben das Potenzial, die Gesamtkosten der Weltraumforschung zu senken. Durch die Beteiligung privater Unternehmen liegt die finanzielle Belastung nicht mehr allein bei Regierungsbehörden. Dies ermöglicht eine effizientere Ressourcenzuweisung und öffnet die Tür für einen breiteren Teilnehmerkreis, einschließlich kleinerer Unternehmen und akademischer Institutionen, die zu den Weltraumforschungsvorhaben beitragen.

3. Wachstum der kommerziellen Raumfahrtindustrie: Der Erfolg der Starliner-Mission treibt das Wachstum der kommerziellen Raumfahrtindustrie weiter voran. Private Unternehmen sind mittlerweile aktiv am Transport von Astronauten beteiligt und öffnen Türen für neue Märkte und Dienstleistungen. Dazu gehören das Potenzial für Weltraumtourismus, suborbitale Flüge für wissenschaftliche Forschung und die Entwicklung kommerziell betriebener Raumstationen in der Zukunft.

4. Technologische Fortschritte: Öffentlich-private Partnerschaften fördern schnelle technologische Innovationen in der Raumfahrtindustrie. Der Wettbewerb und die Zusammenarbeit zwischen Unternehmen stimulieren Fortschritte im Raumfahrzeugdesign, bei Antriebssystemen, Lebenserhaltungstechnologien und in der Robotik. Dies beschleunigt das Entwicklungstempo und stellt sicher, dass die Weltraumforschung von Spitzentechnologien profitiert.

Ein Blick auf zukünftige Missionen und Entdeckungen

Aufbauend auf dem Erfolg des Starliner Crew Flight Tests können wir zuversichtlich in eine aufregende Zukunft voller bahnbrechender Weltraummissionen und Entdeckungen blicken:

1. **Bemannte Missionen zum Mars**: Die Starliner-Mission dient als Sprungbrett für ehrgeizigere Unternehmungen wie bemannte Missionen zum Mars. Die Erfahrungen, die wir durch den Betrieb des Starliners und die Versorgung einer Besatzung über längere Zeiträume im Weltraum sammeln, sind für die Planung und Durchführung zukünftiger Langzeitmissionen zum roten Planeten von unschätzbarem Wert. Die potenzielle Wiederverwendbarkeit des Starliners trägt auch zur wirtschaftlichen Machbarkeit solcher Missionen bei.

2. **Erkundung des Mondes und darüber hinaus**: Der Starliner kann zusammen mit anderen bemannten Raumfahrzeugen, die sich in der Entwicklung befinden, bei zukünftigen Monderkundungsmissionen eine entscheidende Rolle spielen. Astronauten könnten den Starliner

nutzen, um zu einer Mondraumstation zu reisen oder sogar an bemannten Landungen auf der Mondoberfläche teilzunehmen. Außerhalb des Mondes könnten die Fähigkeiten des Starliners möglicherweise für Missionen zu Asteroiden oder sogar noch weiter in das Sonnensystem hinein angepasst werden.

3. Erkundung des Weltraums: Der Erfolg der Starliner-Mission trägt zur Weiterentwicklung der Technologien und Infrastruktur bei, die für die Erkundung des Weltraums erforderlich sind. Die Entdeckung neuer Dinge im Weltraum wird mehr Aufmerksamkeit auf die Außenwelt lenken und auch mehr Menschen auf der Erde sensibilisieren.

Intentionally left blank

Bonusabschnitt

Herausforderungen und Risiken der Raumfahrt

Die Weltraumforschung ist zwar faszinierend und voller Potenzial, stellt Astronauten jedoch vor eine Reihe einzigartiger Herausforderungen und Risiken. Diese Gefahren können grob in fünf Hauptbereiche eingeteilt werden:

1. Weltraumstrahlung: Die unsichtbare und lautlose Weltraumstrahlung stellt eine erhebliche Bedrohung für die Gesundheit der Astronauten dar. Im Gegensatz zum Schutzschild der Erdatmosphäre sind Astronauten im Weltraum verschiedenen Arten von Strahlung ausgesetzt, darunter:

- **Galaktische kosmische Strahlung (GCR)**: Hochenergetische Partikel, die von außerhalb unseres Sonnensystems stammen und die DNA schädigen und das Krebsrisiko erhöhen können.
- **Solare Partikelereignisse (SPE)**: Ausbrüche energiereicher Partikel von der Sonne, die akute Strahlenkrankheit verursachen und die

Elektronik von Raumfahrzeugen stören können.

Die Auswirkungen der Strahlenbelastung sind kumulativ und nehmen mit der Dauer einer Weltraummission zu. Zu den Risiken gehören:
i. Erhöhtes Krebsrisiko: Strahlung kann die DNA schädigen und später im Leben möglicherweise zu verschiedenen Krebsarten führen.
ii. Auswirkungen auf das zentrale Nervensystem (ZNS): Hohe Strahlendosen können kognitiven Abbau, Gedächtnisverlust und sogar Katarakte verursachen.
iii. Herz-Kreislauf-Erkrankungen: Strahlenbelastung kann Blutgefäße schädigen und das Risiko von Herzerkrankungen erhöhen.
iv. Unterdrückung des Immunsystems: Strahlung schwächt das Immunsystem und macht Astronauten anfälliger für Infektionen.

Mildernde Strategien:
i. Abschirmung: Raumfahrzeuge sind mit Schichten aus Abschirmmaterialien wie Aluminium und Polyethylen ausgestattet, um Strahlungspartikel zu absorbieren oder abzulenken.

ii. Missionsplanung: Optimierung der Missionsflugbahnen, um die Belastung durch Sonneneruptionen zu minimieren, und Planung von Schutzräumen während SPE-Ereignissen.
iii. Ernährungsunterstützung: Eine Ernährung, die reich an Antioxidantien und radioprotektiven Verbindungen ist, kann dazu beitragen, einige Strahlenschäden zu mildern.
iv. Pharmakologische Gegenmaßnahmen: In der Entwicklung befindliche Medikamente zielen darauf ab, Astronauten weiter vor den schädlichen Auswirkungen von Strahlung zu schützen.

2. Isolation und Einschluss: Die Raumfahrt beinhaltet lange Zeiträume der Einschließung in relativ kleinen, geschlossenen Umgebungen. Diese Isolation von der Erde und ihren Lieben kann erhebliche psychologische Auswirkungen auf Astronauten haben und zu Folgendem führen:
i. Soziale und emotionale Probleme: Astronauten können aufgrund der beengten Verhältnisse und der eingeschränkten sozialen Interaktion Angstzustände, Depressionen und zwischenmenschliche Konflikte erleben.
ii. Gestörtes Schlafmuster: Die unnatürlichen Hell-Dunkel-Zyklen im Weltraum können

Schlafmuster stören, was zu Müdigkeit und verminderter kognitiver Leistungsfähigkeit führt.
iii. Sensorische Deprivation: Das Fehlen vertrauter Bilder, Geräusche und Gerüche von der Erde kann zu Monotonie und Langeweile beitragen.

Mildernde Strategien:
i. Auswahl und Training der Besatzung: Die Auswahl von Astronauten mit starker psychischer Belastbarkeit und deren umfassendes psychologisches Training kann ihnen helfen, mit den Herausforderungen der Isolation fertig zu werden.
ii. Simulierte Missionen: Bodengestützte Simulationen können Astronauten helfen, Bewältigungsmechanismen für Isolation und Gefangenschaft zu erleben und zu üben.
iii. Kommunikationstechnologie: Die Aufrechterhaltung einer regelmäßigen Video- und Audiokommunikation mit ihren Lieben auf der Erde hilft Astronauten, sich verbunden zu fühlen.
iv. Kontrollierte Umgebung: Die Schaffung einer komfortablen und anregenden Umgebung im Raumschiff mit einstellbarer Beleuchtung, Musik und Bewegungsmöglichkeiten ist von entscheidender Bedeutung.

3. Entfernung von der Erde: Wenn Astronauten immer tiefer in den Weltraum vordringen, bringt die enorme Entfernung von der Erde einzigartige Herausforderungen mit sich:

i. Kommunikationsverzögerungen: Funksignale bewegen sich mit Lichtgeschwindigkeit, was zu Kommunikationsverzögerungen führt, die frustrierend sein und die Entscheidungsfindung in kritischen Situationen beeinflussen können.

ii. Eingeschränkte medizinische Unterstützung: Bei medizinischen Notfällen im Weltraum sind Astronauten auf die medizinischen Vorräte an Bord und ihre eigene Ausbildung angewiesen. Ausgefeilte medizinische Verfahren sind nicht ohne weiteres verfügbar.

iii. Einschränkungen bei der Nachschubversorgung: Der Transport großer Mengen an Nahrungsmitteln, Wasser und anderen Vorräten über weite Entfernungen wird zunehmend teurer und zeitaufwändiger.

Strategien zur Risikominderung:
i. Fortschrittliche Kommunikationssysteme: Die Entwicklung neuer Kommunikationstechnologien, die Laser oder andere Mittel zur schnelleren

Datenübertragung nutzen, ist von entscheidender Bedeutung.

ii. Telechirurgie und Telemedizin: Derzeit wird an der Entwicklung von Möglichkeiten für Fernoperationen und medizinische Konsultationen für Weltraummissionen geforscht.

iii. Lebenserhaltungssysteme mit geschlossenem Kreislauf: Die Entwicklung von Systemen, die Wasser, Luft und Abfallprodukte innerhalb des Raumfahrzeugs recyceln, kann die Abhängigkeit von Nachschub von der Erde verringern.

iv. In-Situ-Ressourcennutzung (ISRU): Zukünftige Missionen könnten Ressourcen von Himmelskörpern wie dem Mond oder dem Mars für Wasser, Sauerstoff oder sogar Baumaterialien nutzen.

4. Schwerefelder: Der menschliche Körper ist an die Schwerkraft der Erde angepasst. Astronauten erleben während des Raumflugs unterschiedliche Gravitationsumgebungen, was zu physiologischen Veränderungen führt:

i. Mikrogravitation: Der Mangel an Schwerkraft im Weltraum führt zu Knochen- und Muskelschwund, kardiovaskulärem Abbau und Flüssigkeitsumverteilung im Körper. Diese

Auswirkungen können bei der Rückkehr zur Erde zu Gleichgewichtsstörungen, Sehstörungen und geschwächten Knochen führen.

ii. Künstliche Schwerkraft (Zentrifugation): Die Simulation der Schwerkraft mithilfe rotierender Module innerhalb des Raumfahrzeugs kann möglicherweise einige der negativen Auswirkungen der Mikrogravitation mildern, aber diese Technologie befindet sich noch in der Entwicklung.

iii. Planetarische Schwerkraft: Die Schwerkraft auf anderen Himmelskörpern wie dem Mars ist deutlich geringer als die der Erde. Dies kann zu ähnlichen Herausforderungen wie Mikrogravitation führen, birgt aber auch das Risiko einer veränderten Biomechanik und potenzieller Muskel-Skelett-Probleme für Astronauten, die längere Zeit auf diesen Planeten verbringen.

Mildernde Strategien:

i. Trainingspläne: Astronauten führen an Bord von Raumstationen und Raumfahrzeugen strenge Trainingsroutinen mit Spezialgeräten durch, um Knochen- und Muskelschwund zu minimieren.

ii. Forschung zur künstlichen Schwerkraft: Die Entwicklung und Erprobung rotierender Habitate oder Raumfahrzeugmodule, die die Schwerkraft der Erde simulieren, ist ein laufendes Forschungsgebiet.

iii. Rehabilitation nach dem Flug: Astronauten benötigen nach ihrer Rückkehr zur Erde umfassende Rehabilitationsprogramme, um verlorene Knochendichte, Muskelkraft und Herz-Kreislauf-Funktionen wiederherzustellen.

5. Feindliche/geschlossene Umgebungen: Raumfahrzeuge und Himmelskörper wie der Mond und der Mars stellen einzigartige Umweltherausforderungen dar:

i. Mikrobielle Kontamination: Geschlossene Umgebungen können Bakterien und Pilze beherbergen und ihr Wachstum verstärken, was möglicherweise ein Gesundheitsrisiko für Astronauten darstellt.

ii. Extreme Temperaturen: Raumfahrzeuge sind großen Temperaturschwankungen ausgesetzt, von sengender Sonneneinstrahlung bis hin zu eiskaltem Schatten. Astronauten müssen sich auf Klimakontrollsysteme verlassen, um eine bewohnbare Umgebung zu schaffen.

iii. Mikrometeoroiden und Weltraumschrott: Winzige Gesteinspartikel und von Menschenhand geschaffener Weltraumschrott stellen ein

Kollisionsrisiko für Raumfahrzeuge dar und erfordern Schutzabschirmungen.

iv. Planetenumgebungen (Mond und Mars): Die Mondoberfläche ist starker Sonneneinstrahlung und extremen Temperaturen ausgesetzt. Der Mars hat eine dünne Atmosphäre mit geringem Sauerstoffgehalt und eisigen Temperaturen, was sie zum Atmen ohne Schutzausrüstung ungeeignet macht.

Mildernde Strategien:

i. Umweltkontrollsysteme: Raumfahrzeuge verwenden komplexe Luft- und Wasserfiltersysteme, um eine saubere und atembare Atmosphäre aufrechtzuerhalten.

ii. Abschirmung und Mikrometeoroidenschutz: Mehrschichtige Abschirmungen schützen Raumfahrzeuge vor Mikrometeoroiden und Weltraumschrott.

iii. Anzüge für Planetenoberflächen: Astronauten, die sich auf den Mond oder den Mars wagen, benötigen speziell entwickelte Raumanzüge, um sich vor der rauen Umgebung zu schützen.

iv. Strategien zur Besiedlung von Planeten: Die Entwicklung langfristiger Lebensräume auf dem Mond oder dem Mars wird wahrscheinlich die

Nutzung lokaler Ressourcen zum Strahlenschutz und die Schaffung von druckbeaufschlagten Umgebungen beinhalten, die für die menschliche Besiedlung geeignet sind.

Die Erforschung des Weltraums bleibt trotz ihrer inhärenten Risiken ein mächtiges Unterfangen, das von menschlicher Neugier und dem Wunsch angetrieben wird, die Grenzen des Wissens zu erweitern. Indem wir die Herausforderungen der Raumfahrt verstehen und abmildern, können wir den Weg für sicherere und erfolgreichere Missionen ebnen, die es uns letztendlich ermöglichen, weiter vorzudringen und die Weiten unseres Sonnensystems und darüber hinaus zu erkunden.

Danke fürs Lesen ...

www.ingramcontent.com/pod-product-compliance
Lightning Source LLC
Chambersburg PA
CBHW070349230526
45471CB00006B/2491